Impressum:

Copyright © 2018 GRIN Verlag
Druck und Bindung: Books on Demand GmbH, Norderstedt Germany
ISBN: 9783668902206

Robin Broksch

Ökozonen der Erde. Die Tropisch/Subtropischen Trockengebiete

Eine Synthese

GRIN Verlag

Semester	Sommersemester 2017
Fachbereich	Geographie
Seminar	63-024 Seminar zur Physischen Geographie B (mit 1tg. Exkursion): Ökozonen für Lehramtsstudierende

Ökozonen der Erde:

Tropische/subtropische Trockengebiete

- eine Synthese -

Robin Broksch

4.Fachsemester Lehramt Sport und Geographie

Inhaltsverzeichnis

Einleitung

Die vorliegende Arbeit steht im Kontext des Seminars: Ökozonen für Lehramtsstudierende, indem die Ökozonen der Erde nach JÜRGEN SCHULTZ vorgestellt und anhand von exemplarisch regionalen Beispielen, sowie anschließend mit Hilfe einer Synthese erläutert werden. Der Begriff der Ökozone, der erstmals von JÜRGEN SCHULTZ (1988) eingeführt wurde, ist ein geowissenschaftlicher Begriff für Großräume der Erde, die anhand von mehreren ökologischen Merkmalen zonal eingeteilt werden.

Die folgende Arbeit beschäftigt sich mit den tropischen und subtropischen Trockengebieten, wobei der Schwerpunkt auf einer Synthese/Zusammenfassung der wichtigsten Gegebenheiten liegt.

Um die Ökozone vorzustellen, erfolgt zunächst eine geographische Einordnung. Danach werden das Klima, sowie die reliefbildenen Prozesse vorgestellt. Darauf folgt eine knappe Einordnung der Böden. Die Böden bilden die Grundlage der Vegetation, auf die ich im Hauptteil mein Hauptaugenmerk setzen werde. In dem Kapitel soll die Flora genauer untersucht, und die spannende Frage geklärt werden, welche Strategien die Pflanzen in dieser extremen Ökozone anwenden, um zu überleben. Die Fauna hingegen, wird in der Ausarbeitung vernachlässigt. Am Ende dieser Arbeit wird im Fazit der anthropogene Eingriff, anhand von Vor- und Nachteilen diskutiert.

Verortung

Die Tropisch/ subtropischen Trockengebiete umfassen neben Wüsten und Halbwüsten auch semiaride Übergangsräume, welche als Ökotone bezeichnet werden. Die Ökozone wird, nach Schultz, wie folgt gegliedert: „hier die **sommerfeuchten Dornsavannen und Dornsteppen** im Übergangsbereich zu den Sommerfeuchten Tropen bzw. den Immerfeuchten Subtropen und die **winterfeuchten Gras- und Strauchsteppen** im Übergangsbereich zu den Winterfeuchten Subtropen, für die beiden ersteren, sommerfeuchten Ökotone wird auch die aus Westafrika entlehnte Bezeichnung Sahel (oder Sahelzone) verwendet" (Schultz 2008, S. 260). Die Wüsten und Halbwüsten, nehmen mit 18,0 mio m² die größte Fläche ein.

Die Ökotone; sommerfeuchte Dornsavannen/Dornsteppen (9,5 mio km²) und die winterfeuchten Gras- und Strauchsteppen (3,5 mio km²) hingegen, nehmen einen deutlich kleineren Anteil des Festlandes ein.

Die Gesamtfläche der Ökozone beläuft sich auf 31 mio km², was 20,8% des Festlandanteils der Erde ausmacht. Die Tropisch/subtropischen Trockengebiete breiten sich zwischen den nördlichen und südlichen Wendekreisen, etwa zwischen dem 15. und 35. Breitengrad, nördlicher sowie südlicher Hemisphäre, aus. Die Ökozone ist auf fast allen Kontinenten vertreten, vorwiegend im Norden Afrikas (einschließlich der Sahara und Sahelzone), im Nahen Osten, Südafrika (einschließlich der Namib Wüste), Zentralaustralien und an der westlichen Küste Nord- sowie Südamerikas.

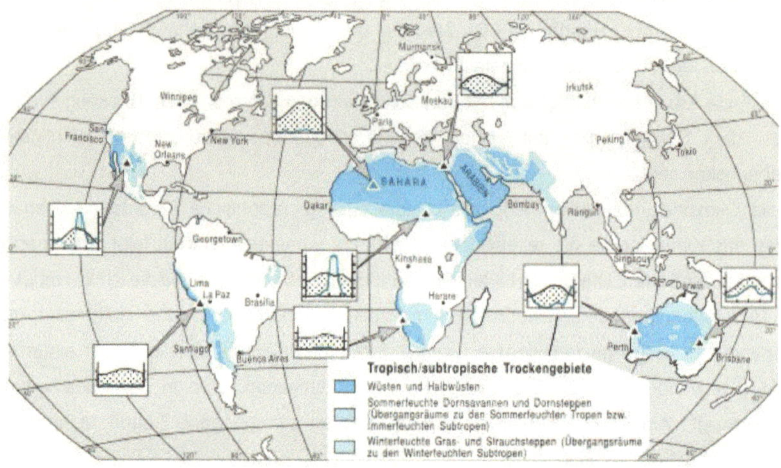

Abb. 1 Verbreitung der Topischen/subtropischen Trockengebiete

Die äußeren Grenzen, zur Abgrenzung der benachbarten Ökozonen (Trockenen Mittelbreite und den Sommerfeuchten Tropen), sowie die Unterteilung im Inneren ergibt sich aus den Jahresniederschlägen (Abb. 2). Äquatorwärts nehmen die Jahresniederschläge (mm) von den Wüsten-Halbwüsten (125 mm pro Jahr) über die Dornsavanne (250 mm), sowie Trockensavanne (500 mm) stark zu.

Polwärts nehmen die Jahresniederschläge von den Wüsten/Halbwüsten (100 mm) über die Winterfeuchten Steppen (200 mm pro Jahr), bis hin zu den Hartlaub-Strauchformationen (300 mm pro Jahr) zwar auch zu, dies jedoch mit niedrigeren Schwellenwerten als äquatorwärts. „Die niedrigeren Schwellenwerte in den polwärtigen Grenzgebieten erklären sich aus den dort geringeren Lufttemperaturen und dementsprechend geringeren Transpirationsbelastungen für die Pflanzen" (SCHULTZ 2008, S.261).

Tab. 13.1.	**Die äußeren Grenzen und Unterteilungen der Tropisch/subtropischen Trockengebiete in Abhängigkeit von den Jahresniederschlägen** (zu den Lagebeziehungen vgl. Abb. 13.5).	

	Grenze zwischen	entspricht einem Jahresniederschlag (mm) von etwa
Äquatorwärts	Wüste – Halbwüste	125
	Halbwüste – Dornsavanne	250
	Dornsavanne – Trockensavanne *(Sommerfeuchte Tropen)*	500
Polwärts	Wüste – Halbwüste	100
	Halbwüste – Winterfeuchte Steppen	200
	Winterfeuchte Steppen – Hartlaub-Strauchformationen *(Winterfeuchte Subtropen)*	300

Abb 2. Unterteilung der Trockengebiete nach jährlichem Niederschlag

Klima

Die klimatischen Gegebenheiten unterscheiden sich je nach den Sub-Ökozonen, die Monatsmitteltemperaturen liegen aber immer über den Schwellenwert von ≥ 18 °C (siehe Klimadiagramme Abb.4). Nach der Klimaklassifikation von KÖPPEN-GEIGER liegt in den Wüsten und Halbwüsten somit ein BWh (BW=Wüstenklima, h=heiß-Jahresmitteltemperatur liegt über 18 °C) vor und in den Ökotonen ein BSh (BS=Steppe, h=heiß) Klima (Klima der Erde, 2015). Die unterschiedliche Klassifizierung ergibt sich aus den humiden Monaten, die bei den Wüsten/Halbwüsten bei weniger als 2 Monaten liegt, bei den Ökotonen hingegen bei weniger als 4 Monaten.

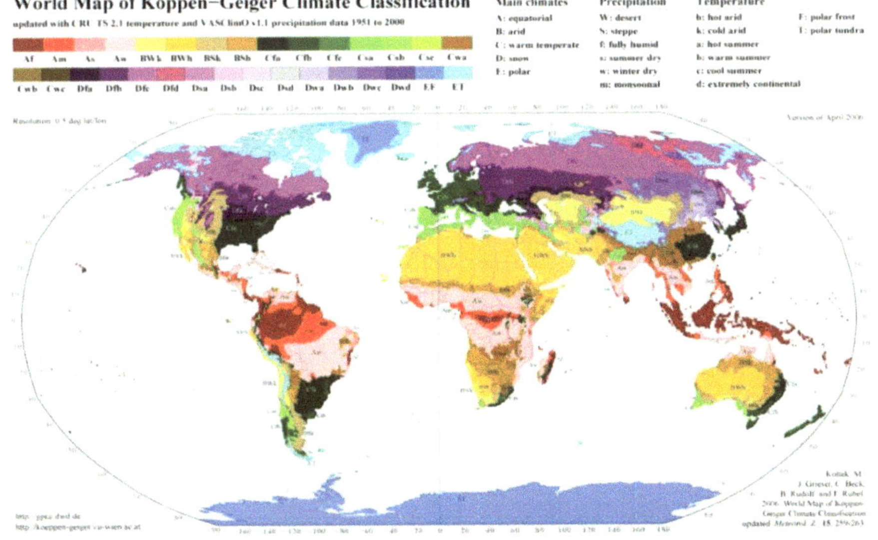

Abb.3: Köppen-Geiger Klimaklassifikation

Das Klima in den Tropisch/subtropischen Trockengebieten ist in erster Linie geprägt von Aridität, das heißt die „potentielle Verdunstung ist größer als der Niederschlag" (HARMS, 2003, S. 310). Hierbei wird auch zwischen perarid (unter 100 mm), euarid (100-200 mm) und subarid (200-500 mm) unterschieden (vgl. PFADENHAUER 2014, S.202).

Die Jahresniederschläge in den Dornsavannen liegen bei rund 250-500 mm, in den Dornsteppen bei 200-300 mm. In den Wüsten und Halbwüsten der tropisch/subtropischen Trockengebiete hingegen, betragen die Niederschläge weniger als 100-125 mm im Jahr (vgl. Abb. 6). Nachfolgende sind Klimadiagramme nach WALTER & LIETH (1960-1967) dargestellt, die das Klima der Ökozone wiedergegeben (Abb. 4). Diagramm a (Caatinga, Nordostbrasilien), b (Sahelzone im südlichen Tschad) und c (Sukkulentengebüsch an der Atlantikküste, Marroko), zeigen ein subarides Klima; d (südliche Sahara im Nordsudan), e (Spinifex-Halbwüste in Zentralaustralien) und f (Sukkulenten-Halbwüste in Südafrika) sind Beispiele für euarides Klima; g und h zeigen das Klima von Vollwüsten (perarid).

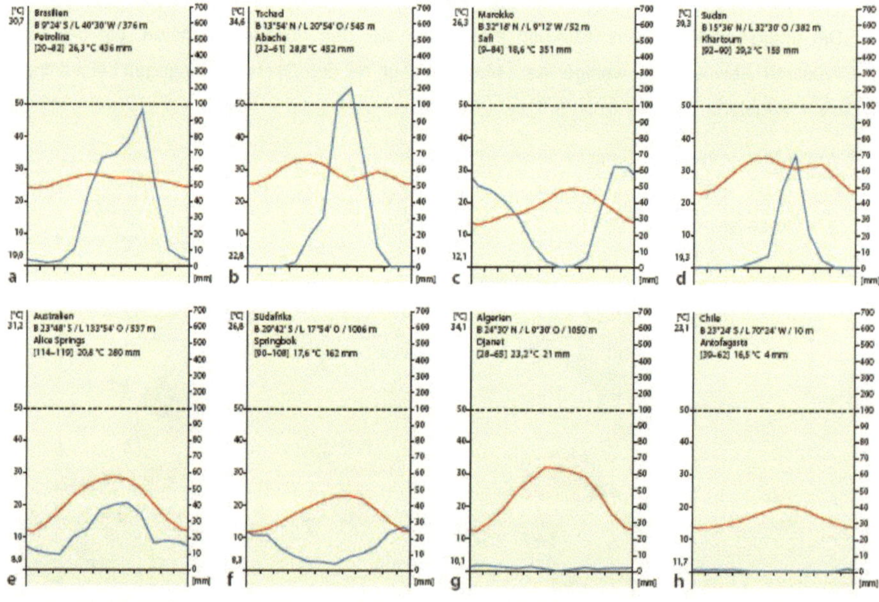

Abb. 4: Klimadiagramme aus dem Gebiet der Tropisch/subtropischen Trockengebiete (aus Lieth et al. 1999)

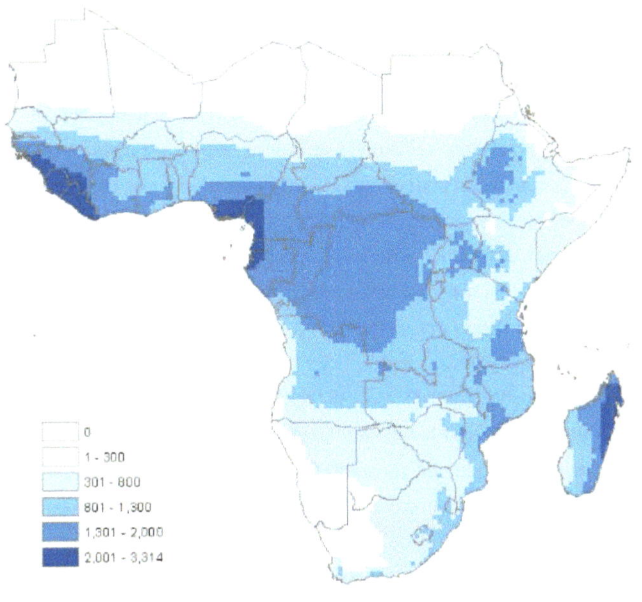

Abb. 5: Niederschlagskarte Afrika

Die Aridität, sowie das allgemeine Klima der Trockengebiete, steht überwiegend im Zusammenhang mit der planetarischen Luftzirkulation. Sie liegen ganzjährig, zumindest in den Kerngebieten, im Einflussbereich des subtropisch-randtropischen Hochdruckgürtels. Vereinfacht gesagt, sind diese Hochdruckgebiete auf eine Meridionalzirkulation der sogenannten Hadleyzellen zurückzuführen. „Für die Hochdruckzellen ist ein beständiges und kräftiges Absinken von Luft charakteristisch. Demzufolge ist die Luft warm und trocken und die Schichtung der Atmosphäre bis in große Höhen stabil. Thermische Konvektionen führen daher nur selten zur Wolkenbildung oder gar Niederschlägen" (SCHULTZ 2008, S.261). Dementsprechend ist in den Trockengebieten der Bewölkungsgrad, mit teilweise weniger als 20%, ziemlich gering. Die Folgen sind hohe Globalstrahlungen, die aber aufgrund der vorliegend hohen Albedos (Maß für Rückstrahlvermögen) größtenteils reflektiert wird. Trockengebiete weisen vorwiegend höhere Albedos auf, wie humide Gebiete, wenn auch je nach Bodencharakteristik (Farbe, Textur und Feuchte) sowie nach Vegetationsbedeckung, erhebliche Unterschiede auftreten können (vgl. SCHULTZ 2008, S.262).

Gemessen an der hohen Globalstrahlung sind die Energieeinahmen daher relativ gering, auch weil der Boden aufgrund luftgefüllter Hohlräume die Wärmeleitfähigkeit und- Kapazität einschränkt, sowie aufgrund des Wassermangels, quasi kein Transfer von latenter und fühlbarer Wärme im Boden stattfindet. Die Wärmenergie wird ausschließlich in den obersten Zentimetern gespeichert und erhitzt die bodennahen Luftschichten, durch die hohe Wärmeabgabe, in einem unerträglichen Ausmaß.

Typisch für die Tropisch/subtropischen Trockengebiete sind ebenfalls die hohen täglichen Temperaturamplituden, welches sich anhand der zum Teil gravierend unterschiedlichen Tag- und Nachtverhältnisse verdeutlichen lässt. Der Boden speichert die Wärme schlecht und die geringe Luftfeuchtigkeit (Wasserdampf dient als wichtiges Treibhausgas) führen dazu, dass die Temperatur nachts deutlich absinkt (vgl. SCHULTZ 2008, S.263). Auch wenn tagsüber Temperaturen von 45 Grad herrschen, kann es in der Nacht auf bis zu 15 Grad abkühlen. Temperaturschwankungen von bis zu 30 Grad Celsius sind keine Seltenheit, weshalb selbst Minustemperaturen gemessen wurden (TAGESSPIEGEL, 2006).

Relief

Häufige Landformen sind in Gebirgen residuale Blockdecken, Pedimente (durch Spüldenudation) am Fuß der Gebirge, sandige Trockentäler, Pfannen mit alluvialen Beckentonen, die nur episodisch und jeweils kurz wasserüberstaut sind (Jürgen Schultz 2002, S.86).

Je nach Akkumulation der Verwitterungsrückstände ergeben sich unterschiedliche Wüstenformen:

- **Steinwüste:** Sie nimmt rund vier Fünftel der Wüstenfläche ein. Man unterscheidet die Wüstenform zwischen Fels- (Hamada), Kies- und Geröllwüste (Serir), sowie einer Mischung aus Kies- und Sanwüste (Reg).
- **Sandwüste (Erg):** Der durch Wind abtransportierte Sand aus den Steinwüsten lagert sich hier zu großen Sandflächen an, die in Form von Dünenlandschaften, Flächen bis zur Größe Spaniens (ca. 500. 000 km²) bedecken können.
- **Ton- und Salzwüsten:** Sie sind dort verbreitet, wo Wasser oberflächlich zusammenfließt und durch die Verdunstung der Minerale eine Kruste oberflächlich entsteht (vgl. DIERCKE GEOGRAPHIE, 2007).

Abb. 6: a) Sandwüste, b) Felswüste, c) Steinwüste, d) Salzwüste

Reliefformende Prozesse

Generell herrschen in ariden Gebieten vorwiegend physikalische Verwitterungsprozesse. Wo aber Wasser, selbst in geringen Mengen, auftritt, stellt sich auch chemische Verwitterung ein (vgl. DIERCKE GEOGRAPHIE, 2007). In den Trockengebieten führen Wind und Wasser zu erheblichen Umlagerungsprozessen von Boden – und Gesteinsmaterial, da eine schützende Vegetationsdecke größtenteils fehlt. Folgende Verwitterungsprozesse sind charakteristisch für die tropisch/subtropischen Trockengebiete:

Chemische Verwitterungsprozesse stehen, aufgrund des fast immer und überall bestehenden Feuchtigkeitsmangels, nicht im Vordergrund, sind aber durchaus in Ebenen und Talsohlen vertreten. Anderseits sind ihre Produkte stärker als anderswo, da sie kaum ausgewaschen werden und sich somit in oberflächennahen Bodenschichten anreichern.

„**Mechanischen Verwitterungsprozesse**, wie die Salz – und Temperaturverwitterung, dominieren auf geneigten Flächen wo die Abtragung das anstehende Gestein immer wieder freilegt" (SCHULTZ 2016, S.228).

Bei der sogenannten **Salzverwitterung** (Salzsprengung), sickert Regen- oder Tauwasser durch Poren und Haarrisse in das Gestein ein und löst Salze oder andere gebildete Stoffe. „Mit dem in Trockenphasen kapillar aufsteigenden Porenwasser werden diese Salze dann in die äußere Gesteinsschicht geleitet, wo sie bei fortschreitendem Wasserverlust oder Temperaturerniedrigung auskristallisieren" (SCHULTZ 2016, S.228). Durch den dadurch entstehenden Kristalisationsdruck kann einen körnigen Zerfall von Sandsteinen hervorrufen werden (vgl. Schultz 2016, S. 228).

Die Temperaturunterschiede bei Tag und Nacht, haben zur Folge, dass **Temperaturverwitterungen** (Temperatursprengungen) in den Gesteinen stattfindet. Durch den stetigen Wechsel von Adsorption und Desorption der Wassermoleküehle, kommt es zu Spannungen im Gestein, die feinkörnigen Zerfall, Feinabschuppung, Abplatzen oder Blockzerfall führen kann.

Durch diese Verwitterungsprozesse entsteht scharfkantiger Schutt und „da das abfließende Niederschlagswasser für den Abtransport häufig nicht ausreicht, bleiben mehr oder weniger mächtige residuale Blockschuttdecken auf den Gebirgen und Bergländern, sowie Blockhalden an deren Fuß erhalten" (SCHULTZ, 2008, S. 264).

Äolische Prozesse werden durch Aridität und der daraus resultierenden Vegetationsarmut begünstigt, weshalb sie eine der auffälligsten reliefformenden Prozesse der tropisch-subtropischen Trockengebiete sind.

Charakteristisch sind Windtransporte, wobei Sandkörner bewegt werden. Die direkte Bewegung durch Wind wird Saltation genannt, wobei die Sandkörner vom Boden abheben und in einer Kurvenbahn, springend (selten mehr als 1m hoch), mitgeführt werden. Die indirekte Bewegung wird Reptation genannt und geschieht über die Aufprallwirkung der zuvor beschriebenen Sandkörner.

Bei den äolischen Abtragungs- und Akkumulationsprozessen lässt sich die geomorphologische Wirkung des Windes in drei Teilvorgänge gliedern: Deflation, Windschliff und Windablagerung von Sand (vgl. SCHULTZ, 2008, S. 265).

Die Deflation ist die Ausblasung von Lockermaterial und steht am Anfang jeder Windtätigkeit. „Bei großflächigem Abtrag kann sie, aus ursprünglich unsortierten Regolith, zur Entstehung von ausgedehnten Wüstenpflastern" (SCHULTZ 2008, S. 265/266) oder Deflationswannen und Windrissen in Dünen führen. Beim Windschliff übt der transportierte Sand eine schleifende Wirkung auf Felsen und Steine aus, beschränkt sich dabei auf den Höhenbereich der Saltation (bei Sandstürmen höchstens 2m hoch) und wirkt demzufolge auf den Sockelbereichen der Felsen. Dabei werden bei wechselnden Windrichtungen tiefe Hohlkehlen erzeugt, welche dann zu Pilzfelsen werden.

Durch Windablagerungen von Sand, entstehen z.B Dünen die sich zu sogenannten Ergs (Sandwüsten) zusammenschließen und mancherorts Flächen von über tausend Quadratkilometer einnehmen (vgl.SCHULTZ, 2008, S. 266).

Die Flussarbeit hat, trotz der Seltenheit und kurzen Andauer, hohe Erosionskräfte und daher meist bedeutsamer als die äolischen Prozesse.

Es werden nämlich kurzfristig hohe Fließgeschwindigkeiten erreicht und dabei große Mengen an Sand und Geröll bewegt (PFADENHAUER 2014, S.204). „Für den Abfluss in Trockengebieten ist, abgesehen von Fremdlingsflüssen, typisch, dass er episodisch verläuft, d.h. im Wesentlichen von oberflächlich (oder oberflächennah) den Flüssen zufließendem Regenwasser gespeist wird, also an bestimmte Niederschlagsereignisse geknüpft ist und nach deren Ende bald wieder aufhört" (SCHULTZ 2016, S. 230).

Böden

Die Bodenbildung in den Trockengebieten wird maßgeblich durch die Aridität, den Wassermangel, sowie der Verfrachtung Gestein- und Bodenmaterial durch Wind, bestimmt. Die Böden sind größtenteils sehr humusarm, flachgründig, grobkörnig und salzhaltig (PFADENHAUER 2014, S. 207). Böden mit Anreicherungshorizonten aus Kalk, Gips, Kochsalz und Soda sind in ariden Räumen oft anzutreffen. Nach der Weltbodenkarte der FAO-Unesco (1971-1981) gehören die Böden der Wüsten zu den Yermosolen (span. yermo= Wüste). In den semi-ariden Ökotonen, ist der Wind aufgrund der dichteren Vegetationsdecke, kein Störfaktor für die Bodengenese. Unter den feuchteren Voraussetzungen konnten sich vorrangig Xerosole, bilden. „In der neueren WRB-Klassifikationen von 2014, sind die im Wesentlichen nach klimatischen Kriterien definierten Xerosole und Yermosole, durch mehrere RSGs ersetzt worden, die vorrangig nach pedogenetischen Merkmalen bestimmt sind. Dies sind die Hauptbodengruppen Arenosole, Calcisole, Durisole, Gypsisole, Solonchake /Solonetze, sowie die azonalen Fluvisole, Leptosole, Planosole und Regosole" (Schultz 2016, S. 233). Am charakteristischen für Halbwüsten und Vollwüsten sind die Arenosole (lat. Arena=Sand). Diese sind sandige, grobtextuierte Böden, häufig schwach entwickelt, extrem tonarm, die sich aus äolischen umgelagerten oder durch Verwitterung quarzreicher Gesteine, entwickelt haben (vgl. ZECH S.96). Die Bodenprofile (siehe unten Abb.7) zeigen kaum Differenzierungen. Auf die schwach humosen und daher meist hell gefärbten (A)-Horizonte mit Einzelkorngefüge können schwach ausgebildete B-Horizonte folgen. Sowohl die Nutzwasserkapazitäten als auch die Nährstoffvorräte sind außerordentlich gering.

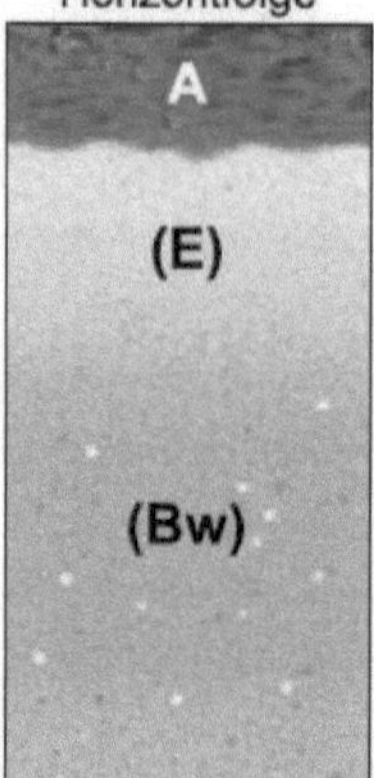

Abb. 7: Bodenprofil (Eutric Rubic Arenosol in einer Dünenlandschaft der Sahelzone)

Vegetation

Ungefähr drei Fünftel der Ökozone werden von Wüsten und Halbwüsten eingenommen, diese stehen daher auch im Vordergrund in folgender Betrachtung der Flora. Niederschlagswerte von maximal 300 mm pro Jahr, eine extrem hohe Variabilität der Niederschläge nach Menge und zeitlicher Verteilung, sowie hohe Temperaturen führen in den Wüsten und Halbwüsten zu einem hohen Dürrestress.

Im Allgemeinen nehmen die Anteile von holzigen Pflanzen (niederwüchsige Sträucher und Halbsträucher (*Chamaephyten*), aber auch Bäume) mit abnehmbaren Niederschlägen zu, sind also in den Halbwüsten und Wüsten mehr vertreten, als in den Grassteppen und

Dornsavannen. Die Ökotone sind hingegen von Stauden (*Hemikryptophyten*) und *Graminoide* (grasähnliche Pflanzen) geprägt.

Die Wasserverfügbarkeit, welche für die Vegetation von großer Bedeutung ist, kann von den Werten des Wasserhaushaltes (Differenz Freilandniederschläge und potenzielle Verdunstung), abweichen. Dies hängt damit zusammen, dass die Vegetationsdecke lückig ist und Regentropfen unmittelbar auf den Boden treffen. Folgen von Starkregentropfen sind Verschlämmung der Bodenoberflächen. Für Trockengebiete ist es typisch, dass Niederschlagsanteile nicht an der Stelle einsickern, an der sie auftreffen, sondern, selbst bei leichter Neigung des Geländes abrinnen und in Trockentäler oder Fußzonen zufließen. Der Abflussfaktor (Verhältnis von Abfluss zu Niederschlag) ergibt sich aus „den Intensitäten der Niederschlagsereignisse, der Geländeneigung, dem Deckungsgrad der Vegetation (Rauhigkeit der Bodenoberfläche) sowie den Boden-/Substratmerkmalen Textur und Tiefgründigkeit" (SCHULTZ 2016, S. 236). Der Oberflächenabfluss führt dazu, dass die Aridität örtlich erhöht wird, an den Senkstellen aber eine Konzentrierung von Regenwasser, zu erkennen ist.

Die Wasserverfügbarkeit ist ebenfalls abhängig von den Bodentexturen sowie Bodentiefen. Die Bodentextur (steinig, sandig, tonig) ist ausschlaggebend für den Verbleib und der Speicherung des einsickernden Wassers (Abb. 10). Abbildung 10 zeigt die Wasserspeicherfähigkeit von Böden unterschiedlicher Korngrößenzusammensetzungen. Um so grobtextuierter das Bodenmaterial, desto tiefer sickert das Wasser ein. Das oberflächennahe Wasser, ist für die Böden nicht nutzbar, da es verdunstet oder abfließt, bevor die Pflanzen es aufnehmen können. Dieser Verlust zeigt sich am deutlichsten bei tonigen Böden (vgl. PFADENHAUER 2014, S. 205)

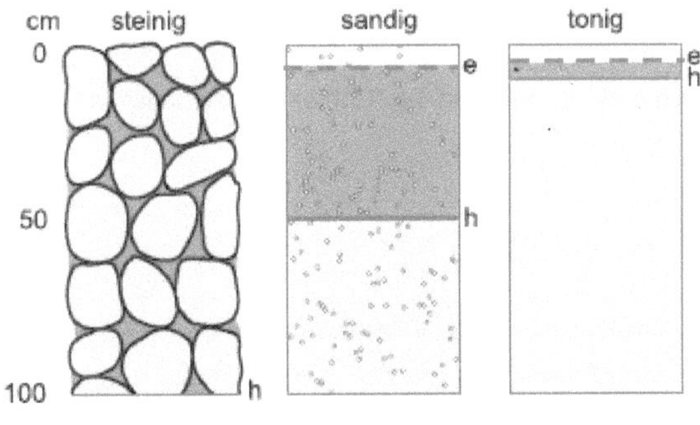

Abb.8
Schematische Darstellung der Wasserspeicherung von Böden unterschiedlicher Textur in Trockengebieten

h = untere Grenze der Bodendurchfeuchtung

e = untere Grenze, bis zu der der Boden
wieder austrocknet

Strategien von Pflanzen in Trockengebieten

Die Pflanzen in den tropisch/subtropischen Trockengebieten haben über Jahre hinweg mehrere Überlebensweisen entwickelt in dem extremen Klima (negative Wasserbilanz, hohe Temperaturen) zurechtzukommen.

Die *Phreatophyten* decken ihren Wasserbedarf, indem sie Feuchtigkeit aus tieferen Bodenschichten aufnehmen. *Xerophyten* hingegen schränken ihren Wasserverbrauch ein, indem sie beispielsweise aktiv (Schließen der Stomata) oder passiv ihre Transpiration verringern. Andere Pflanzenarten, wie die *Ephemere* beschränken ihre Wachstumsphase ausschließlich auf die Niederschlagsperioden. Viele Pflanzen sind hingegen salztolerant (*Halophyten*) und trotzen den salzhaltigen Böden der tropisch/subtropischen Trockengebiete (vgl. PFADENHAUER 2014, S.206).

Strategien, mit Trockenheit umzugehen, werden gemeinhin folgendermaßen klassifiziert (GIBSON 1996, RUNDEL & GIBSON 1996, SMITH ET AL. 1997, THOMAS 1997, LARCHER 2001, WARD 2009):

1.) Trockenheitsvermeidung

Hierunter versteht man die Fähigkeit, den Wachstum sowie die Reproduktion schon vor Beginn der Trockenperiode abzuschließen und die aride Periode selbst, in Form von unterirdischen Überdauerungsorganen (*Pluviogeophyten*) oder Samen (*Pluviotherophtyen*) zu überstehen.

Auch *Phreatophyten* gehören dieser Gattung an, da sie ihren Wasserbedarf über externe Quellen, wie Grundwasser oder Nebel, decken.

2.) Trockenheitsresistenz

Im Gegensatz zu den trockenheitsvermeidenden Pflanzen können trockenheitsresistente Organismen in Trockenheitsperioden wachsen und sich reproduzieren. Zu unterscheiden sind hier:

a) Pflanzen, die mit Hilfe spezieller Einrichtungen eine Dehydrierung vermeiden oder hinauszögern (*Xerophyten*). Diese Einrichtungen können, ein für die Wasseraufnahme optimiertes Wurzelsystem (z.B hoher Anteil an feinen Wurzeln), ein effizienten Spaltöffnungsapparat (rasches Schließen der Stomata), sowie generelle

Mechanismen, die eine Transpiration verringern (dicke Kutikula, mehrschichtige Epidermis, Behaarung, Strahlungsreflexion durch helle Farbe), besitzen.

b) Pflanzen, die Speichergewebe aufweisen und somit Feuchtigkeit in ihrem Stamm und/oder in den Blättern anlegen, um davon in Trockenphasen zu zehren (Stamm – und Blattsukkulente).

c) Pflanzen, die die Fähigkeit haben sich zu erholen, nachdem sie ausgetrocknet sind. Sie verhalten sich wie ein Quellkörper, wobei sie in eine metabolisch inaktiven Trockenstarre fallen (vgl. PFADENHAUER 2014, S.207).

Zu erwähnen ist, dass alle Pflanzen der Trockengebiete Kombinationen aus verschiedenen Mechanismen aufweisen. Nach GIBSON (1996) UND WHITFORD (2002), lassen sich aber folgende Pflanzenfunktionstypen (PFT) der Wüsten und Halbwüsten unterteilen.

Phreatophyten

Phreatophyten sind Gehölze (Bäume, Sträucher), die mit Hilfe „tief greifenden und auch in der Breite ausgedehnten Wurzelsystemen (meist längerfristig angelegte) Grundwasseransammlungen nutzen, wie sie beispielsweise entlang von Trockentälern, am Fuße von Bergen und in Felsspalten eines Gebirges auftreten" (SCHULTZ 2016, S. 241). Ihr Vorkommen ist auf zwei Stellen beschränkt, einerseits breiten sie sich entlang von Trockentälern aus, andererseits auch in Felsspalten der Gebirge, wo sie in der Lage sind, das in den Spalten angesammelte Wasser zu nutzen.

Die Pflanzen können ein weiches, transpirationsaktives Laub (mesophytisch), oder eine schuppen- oder nadelförmige Belaubung (xerophytisch) aufweisen. Im zweiten Fall sind die Pflanzen dadurch in der Lage, die Transpiration mehr oder minder effizient einzuschränken.

Abb. 9:

Beispiele für Phreatophyten:

a = *Acacia tortilis ssp. raddiana*
(Mimosaceae; mesophytischer Phreatophyt),
Djanet, Algerien

b = *Allocasuarina decaisneana*
(Casuarinaceae; xerophytischer
Phreatophyt), Alice Spings, Australien

c = *Ceiba insignis*
(Malvaceae;Flaschenbaum),
Gran Chaco bei Nueva
Pompeya, Argentinien

d = Aloe dichotoma (Asphodelaceae),
Keetmanshoop, Namibia

Stamm- und Blattsukkulente

„Sukkulente sind Pflanzen mit wenigstens einem lebenden Wasserspeichergewebe in unter- (Wurzel, Zwiebel, Rhizom u. a.) und/oder oberirdischen Organen" (VON WILLERT et al. 1992). Bezogen auf die oberirdischen Organe unterscheidet man, ob entweder der Stamm oder die Blätter als Wasserspeicher dienen.

Stammsukkulente können unterschiedlich geformt sein (Säulen-, Kandelaber-, Kugel, Polster-, Zylinderopuntien- und Flachopuntienform). Sie zeichnen sich dadurch aus, dass Blätter und Seitensprosse zu Dornen reduziert sind, wodurch im Gegensatz zu belaubten Pflanzen, die Transpiration drastisch reduziert wird.

Blattsukulente hingegen speichern ihr Wasser im Mesophyll (zentraler Speicher) oder in der Epidermis der Blätter. Die Wasserspeicherfähigkeit des Blattes, also seine hydraulische Kapazität, hängt von der Elastizität der Zellwände ab, d. h. der Fähigkeit, sich mehr oder minder ziehharmonikaartig zusammenzufalten. „Die Kontraktion der Wurzeln ermöglicht vielen Pflanzen extremer Standorte, nach der Keimung der Samen ihre unterirdischen Organe weiter in den Boden hineinzuziehen, um sie so besser gegen Trockenheit oder Kälte zu schützen" (PUTZ, 2002).

Stamm- sowie Blattsukkulente schließen ihre Spaltöffnungen tagsüber und öffnen sie nachts. Selbst bei Nacht bleiben sie geschlossen, wenn das Wasserpotenzial einen kritischen Wert annehmen sollte. Die meisten Sukkulenten bilden ein oberflächennahes, weit ausgreifendes Wurzelsystem (Abb.9), um nach Niederschlägen - welche nicht tief in die Böden eindringen - ihren Wasserhaushalt aufrecht zu erhalten (vgl. PFADENHAUER 2014).

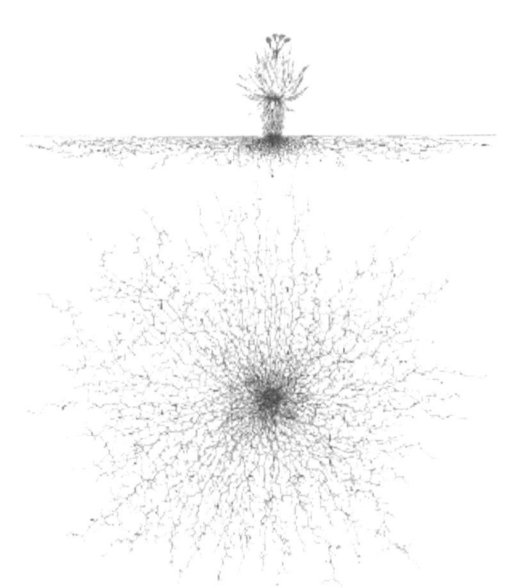

Abb. 10:
Oberflächennahes
Wurzelwerk der
blattsukkulenten *Aloe littoralis*

Abb. 11

Beispiele für Stamm- und Blattsukkulente:

a = Euphorbia cooperi, Euphorbiaceae (Südafrika)

b = Yucca brevifolia, Asparagaceae (Joshua tree, Nordamerika)

c = Blätter von Mesembryanthemum guerichianum, Aizoaceae, mit Blasenzellen (Südafrika)

d = Zygophyllum clavatum, Zygophyllaceae (Namibia)

e = Aloe ferox, Asparagaceae (Südafrika)

Ephemere Pflanzen

Diese Art von Pflanzen verfolgt eine Strategie, ihr Wachstum, sowie die Reproduktion, in der für sie optimalen Zeit, abzuschließen und somit dem Dürrestress aus dem Weg geht. Nach Regenfällen keimen sie rasch, blühen und fruchten meist innerhalb weniger Tage. Wenn der Wasservorrat im Oberboden aufberaucht ist, vertrocknen die ephemeren Pflanzen rasch, da sie keine xeromorphen Merkmale aufweisen. Die Reproduktion ist ein Paradebeispiel für die Adaption an die Trockengebiete; „Entweder erzeugen sie viele kleine Samen (z. B. bei *Schismus arabicus* 10.000 Samen pro m2 mit einem 1.000-Korn-Gewicht von 7 mg) oder sie bilden wenige, größere, endospermreichere Samen, die an der (abgestorbenen) Mutterpflanze verbleiben..." (VAN RHEEDE VAN OUDTSHOORN & VAN ROOYEN 1999, GUTTERMAN 2002). Sollten Niederschläge ausbleiben, können die Überdauerungsorgane wie Samen, Knollen und Zwiebeln, die jährliche Trockenzeit in einem dormanten Zustand überleben.

Salzpflanzen

Die Böden der tropisch-subtropischen Trockengebiete weisen hohe Salzgehalte auf (zwischen 0,2 und 2,0% in den Bodenlösungen), weshalb die Adaption an die Gegebenheit, ein weiteres Meisterwerk der Natur darstellt. Hierbei haben die Pflanzen eine Toleranzstrategie entwickelt, indem sie Salzstress vermeiden. Einerseits schirmen sie durch Barrieren in den Wurzeln das Salz ab, andererseits können sie das Salz über Salzdrüsen oder Blasenhaare ausscheiden (z.B Tamarisken) (vgl. PFADENHAUER 2014, S.217).

Abb.12: Tamarisken africana

Die tropisch-subtropischen Trockengebiete, aber vor allem die Halbwüsten und Wüsten der Ökozone, sind sehr dünn besiedelt. Landwirtschaftlicher Anbau wird lediglich mit wasseranspruchslosen Nutzpflanzenarten wie beispielsweise Hirse und Erdnüssen, oder schnellwüchsigen Arten wie einige Bohnenarten, betrieben.

Vermehrt verbreitet und traditionell im Vordergrund stehend, sind die agraren Nutzungsformen der extensiven Weidewirtschaft und des Bewässerungsfeldbaus.

Bei ersterem wird in den Trockengebieten eine Wanderweidewirtschaft in Form des Halbnormadismus und der Transhumanz betrieben.

Der Bewässerungslandbau ist in den Trockengebieten die einzige Möglichkeit, unabhängig der Witterung, eine erfolgreiche Form agrarer Nutzung zu ermöglichen. In den Tropisch/subtropischen Trockengebieten lassen sich so ganzjährig sehr hohe Erträge erzielen, wenn Maßnahmen optimaler Bewässerung eingehalten, und Möglichkeiten der Entsalzung gefunden werden. Die Bereitstellung des Wassers ist aufwendig und kann in Form von Pipelines (Ableitung aus Flüssen), Staudämmen oder Brunnen geschehen (vgl. SCHULTZ 2016, S. 247).

Sowohl extensive Landwirtschaft und Bewässerungsanbau bringen Nachteile für die Ökozone. Durch die verschiedenen anthropogenen Einflüsse wird der Wasserhaushalt des Bodens gestört, wodurch Bodenerosionen entstehen. Das Problem der Desertifikation (lat. *„desertus facere"* =Wüstmachen, Verwüstung) spielt hierbei eine große Rolle. Als Desertifikation wird der Prozess bezeichnet, bei dem durch anthropogene Einflüsse ein Landschaftswandel stattfindet bzw. eine Wüstenentstehung die Folge ist.

Die künstliche Bewässerung hat zudem die Folge, dass die Böden versalzen. „Durch die Dauerbewässerung werden die im Boden enthaltenen Salze gelöst, und durch die hohe Lufttemperatur steigt in den Bodenkapillaren das salzhaltige Wasser rasch an die Oberfläche und verdunstet dort. Diese naturgesetzliche Aufwärtsbewegung und Verdunstung des Bodenwassers führt zur Anreicherung der Salze im Oberboden und zur Krustenbildung an der Oberfläche" (LERNHELFER.DE, 2010).

Die Probleme und Folgen anthropogener Nutzung der Trockengebiete, insbesondere der Desertifikation sowie der Bodenversalzung, werden bei der Ausarbeitung nicht im Detail untersucht, da es den Rahmen der Arbeit sprengen würde.

Die tropisch/subtropischen Trockengebiete sind vorwiegend geprägt durch Aridität und den immensen Temperaturen, verteilt über das ganze Jahr. Der Wassermangel hindert nicht nur den Pflanzenwuchs, sondern er verzögert auch die Bodenbildung, weshalb Bodenbildungsprozesse in den Trockengebieten, im Gegensatz zu anderen Ökozonen, gehemmt werden. Die große Trockenheit hemmt das Pflanzenwachstum und somit auch die Hummusbildung, weshalb kaum organische Auflagehorizonte erkennbar sind. Aufgrund dessen haben die Böden wüstenhaften Charakter und weisen nur in den Ökotonen (sommerfeuchte Dornsavanne/sommerfeuchte Dornsteppen, winterfeuchten Gras- und Strauchsteppen), aufgrund höhere Niederschläge, weiter fortgeschrittene Böden auf.

Die Böden, sind neben dem Klima, eine Grundlage für ausgeprägte Vegetationsdecken. Trotz der extremen klimatischen Bedingungen und der hummusarmen, tonreichen und salzigen Böden ist es den Pflanzen gelungen Anpassungsmechanismen zu kreieren, um in den tropisch/subtropischen Trockengebieten zu überleben. Die meisten Pflanzen zeigen verschiedene Kombinationen aus den im Hauptteil (Anpassung der Pflanzen) erwähnten Mechanismen um der Aridität zu trotzen.

Eine Gefahr für die ohnehin schon rare Vegetation können die anthropogenen Faktoren, wie die Desertifikation, sowie die Bodenversalzung durch künstliche Bewässerung, darstellen. Die Bevölkerung der Trockengebiete bezieht ihren Lebensunterhalt aus den für sie traditionellen Agrar- und Landwirtschaftsformen, daher ist es schwierig nur Contra Argumente zu finden. Allerdings sollte auf die Nachhaltigkeit (Erhalt der natürlichen Nutzungspotenziale) hingewiesen werden, da eine Rehabilitation der Böden, mit den ohnehin schon schlechten Bedingungen (siehe Kapitel Böden, Klima), längere Zeit als anderswo erfordert.

Literaturverzeichnis

GIBSON, A. (1996): Structure-Function Relations of Warm Desert Plants. Springer. Berlin-Heidelberg.

HARMS, H. (2003): Physische Geographie und Nachbarwissenschaften. Trier.

KLIMA DER ERDE (2015): Köppen/Geiger Klimaklassifikation. http://www.klima-der-erde.de/koeppen.html. 31.08.2018

PFADENHAUER, J. KLÖTZLI, F.(2014): *Vegetation der Erde: Grundlagen. Ökologie. Verbreitung.* Springer Spektrum. Berlin/Heidelberg.

PÚTZ, N. (2002): Contractile roots. In Waisel, Y., Eshel, A. & Kafkafi. The Hidden Half. New York.

SCHULTZ, J. (2002): Ökozonen der Erde: 7. Tropisch/Subtropische Trockengebiete.-In: Petermanns Geographische Mitteilungen, 146, 2002/1.

SCHULTZ, J. (2008): Die Ökozonen der Erde. Stuttgart.

SCHULTZ, J. (2016): Ökozonen. Stuttgart.

TAGESSPIEGEL (2006): https://www.tagesspiegel.de/weltspiegel/gesundheit/warum-ist-es-in-der-wueste-nachts-so-kalt/736224.html.

VON WILLERT, D.J., ELLER, B.M., WERGER, M.J.A., BRINCKMANN, E. (1992): Life strategies of succulents in deserts with special reference of the Namib desert. Cambridge.

WALTER, H. & LIETH, H., (1960–1967): Klimadiagramm- Weltatlas. G. Fischer Verlag. Stuttgart.

ZECH, W.; SCHAD, P.; HINTERMAIER-ERHARD, G. (2014): Böden der Welt. Ein Bildatlas. 2. Auflage. Berlin, Heidelberg.

Abbildungsverzeichnis